AF404617

ANATOMIE CLASTIQUE
DU DOCTEUR AUZOUX,

OFFICIER DE LA LÉGION D'HONNEUR

Rue Antoine-Dubois, n° 2. — Paris

CERVEAU

ANALYTIQUE OU DE TEXTURE

DE TRÈS-GRANDE DIMENSION.

PRIX : 300 FRANCS.

Sur cette nouvelle édition on peut suivre le trajet des fibres nerveuses dans toutes les parties de la masse encéphalique. Cette préparation, exécutée d'après des dissections faites sur des cerveaux naturels durcis par l'acide chromique selon les indications du docteur Luys (1), résume les travaux de tous les anatomistes anciens et modernes : non-seulement elle permet de voir la forme de chaque particularité que l'on remarque dans le *cerveau*, dans le *cervelet*, dans la *protubérance annulaire*, dans le *bulbe* et dans la *partie supérieure de la moelle épinière*, mais elle met ainsi à la portée de toutes les intelligences le mécanisme par lequel les impressions du dehors arrivent à telle partie du cerveau et par lequel la volonté est transmise à chacun de nos organes. Cette manière, toute nouvelle, d'étudier le cerveau ouvre

(1) *Recherches sur le système nerveux cérébro-spinal.* — Sa structure, ses fonctions et ses maladies, accompagné d'un atlas, par J.-J. Luys, Paris, 1865.

1867

une immense carrière aux recherches et aux observations des philosophes et des médecins (1).

☞ N° 1.

Moitié gauche du corps calleux.

Le corps calleux, presque complétement débarrassé de la masse cérébrale représente une espèce d'étui formant les parois des ventricules latéraux.

Les trois ordres de fibres qui entrent dans la composition de la substance cérébrale sont reproduites avec des couleurs de convention et de nuances différentes.

Elles sont désignées sous les noms de :

Fibres *afférentes* ou sensitives,

Fibres *efférentes* ou motrices,

Fibres *commissurantes* qui mettent les deux hémisphères en communication.

1. Face supérieure du corps calleux.
2. Extrémité antérieure ou *genou*.
3. Portion réfléchie ou *bec*.
4. Extrémité postérieure correspondant au *bourrelet*.
5,5. Tractus longitudinal. — *Nerfs de Lancisi*.
6,6,6.   —   transversaux.
aaa. Fibres afférentes ou sensitives (convergentes supérieures de M. Luys).
bbb.   — commissurantes (Luys).
ccc.   — efférentes ou motrices (cortico-striées Luys).
10,10,10. Portion de la couronne de Reil.
11. Face inférieure du corps calleux.
12. Paroi sphénoïdale du ventricule latéral (étui de l'hippocampe).
13. Cavité digitale.
14. Ergot de Morand.
15. Repli de la circonvolution de l'ergot.

(1) Pour mettre le mécanisme des fonctions cérébrales à la portée des intelligences qui ne sont point préparées par des études spéciales, je compare le système nerveux à la télégraphie électrique.

Comme pour la télégraphie, toutes les dépêches, *les impressions*, arrivent à l'administration centrale, *le cerveau*, par des myriades de fibrilles, *fibres afférentes*, qui de toutes les parties du corps aboutissent à un centre commun, appelé COUCHE OPTIQUE, *bureau d'arrivée*.

De la couche optique partent de nombreuses fibres (*fibres afférentes*) qui la mettent en rapport avec les cellules corticales, cellules dont l'ensemble constitue la couche extérieure, la substance grise, *la partie active* du cerveau.

Dans ces cellules, *la dépêche* est analysée et portée par les fibres *commissurantes* dans l'hémisphère du côté opposé.

Après cette dernière épreuve, *un contrôle peut-être*, la dépêche est portée par les *fibres efférentes* dans le corps strié, noyau extra-ventriculaire (*bureau du départ*) d'où elle est expédiée aux organes sous forme de volonté par les fibrilles motrices des nerfs.

☞ **N° 2.**

Moitié gauche de la voûte à trois piliers.

On voit sur ce numéro le pilier antérieur de la voûte, sa continuation avec la corne d'Ammon, l'insertion des fibres afférentes de cette corne dans les circonvolutions de l'hippocampe, les fibres commissurantes nées des cellules corticales se réunissant pour former la *lyre*, et comment les fibres de la lyre, arrivées dans le pilier antérieur, s'entre-croisent pour former la commissure antérieure.

1. Pilier antérieur.
2. — postérieur.
3. Portion de la lyre.
4. Hippocampe ou corne d'Ammon.
5. Bandelette de l'hippocampe ou corps bordant.
6. Circonvolutions de l'hippocampe.
7. Repli de cette circonvolution appelé *crochet.*
8. Bord libre de cette circonvolution (corps godronné des anciens) se continuant sur le corps calleux, sous le nom de *Nerfs de Lancisi.*
9. Substance corticale ou grise composée de deux couches de cellules.
10. — blanche ou fibreuse.
11. Coupe transversale de l'hippocampe montrant l'enroulement des fibres médullaires et leur insertion dans les cellules corticales.
12. Terminaison de la commissure antérieure dans la portion antérieure du lobe sphénoïdal.
13. Extrémité postérieure du corps calleux (bourrelet des anciens).

☞ **N° 3.**

Portion supérieure de la couche optique gauche et du corps strié.

Cette coupe montre les quatre centres de la couche optique, le *tænia semi-circularis*, son épanouissement dans le centre antérieur (1), les fibres du nerf optique allant des corps génouillés au centre moyen (2).

1. Portion du corps strié (noyau intra-ventriculaire).
2. Bandelette fibreuse des corps striés (*tænia semi-circularis*).
3. Lame cornée.
4. Couche optique composée de quatre centres :
5. Centre antérieur, recevant les *fibres olfactives* du *tænia semi-circularis*.

(1) Tubercule antérieur et supérieur des couches optiques (Tarin, 1750).
(2) Tubercule antérieur et interne de la couche optique (Tarin).

— 4 —

6. Centre moyen,   recevant les *fibres optiques ;*
7. Centre postérieur,   —   *auditives ;*
8. Centre médian, ou central, recevant les fibres du *faisceau postérieur* de la *moelle épinière.*
9,9,9,9. Disposition plexiforme des fibres qui s'échappent des centres de la couche optique pour concourir à la formation de la couronne de Reil.
10. Corps genouillé externe.
11.   —   interne.
12. Bandelette optique.
13,13. Fibres allant des corps genouillés aux tubercules quadrijumeaux.
14. Fibres optiques allant des corps genouillés au centre moyen de la couche optique ; fibres mises à nu par l'enlèvement de la substance grise centrale.
15. Substance grise centrale recouvrant la couche optique (1).

☞ N° 4.

Protubérance annulaire ou pont de Varole.

Montrant l'entre-croisement des fibres des pédoncules cérébelleux moyens avec les fibres longitudinales des pédoncules antérieurs du cerveau. — Entre-croisement qui lui donne l'aspect d'une espèce de natte.

1. Fibres du pédoncule cérébelleux moyen.
2. Entre-croisement de ces fibres sur la ligne médiane.
3.   —   de ces mêmes fibres avec les faisceaux des pyramides antérieures.
4. Fibres des pyramides.
5. Nerf trijumeau (ou 5ᵉ paire) composé de deux faisceaux.
6. Faisceau moteur.
7.   —   sensitif se divisant lui-même en deux cordons.
8. Cordon concourant à la formation de la bandelette de Reil.
9. Cordon se portant à la substance grise centrale de l'axe.
10. Nerf moteur oculaire externe (6ᵉ paire).

☞ N° 5.

Ruban de Reil et moitié gauche des tubercules quadrijumeaux.

Les fibres qui composent le Ruban de Reil, nées de trois origines distinctes, après s'être entre-croisées sur la ligne médiane

(1) « Je distingue dans le cerveau deux sortes de substances cendrées : l'une est celle que « tous les anatomistes connaissent ; elle a beaucoup plus de consistance que l'autre, qui est « molle et diffluente. Cette dernière, à laquelle on a fait peu d'attention, tapisse le quatrième « ventricule ; elle compose une partie de l'entonnoir et elle recouvre les parois internes des « couches optiques » Vicq-d'Azyr, *Traité d'Anatomie et de Physiologie*, réflexions historiques sur les planches, p. 37.

avec celles du côté opposé en arrière de l'aqueduc de Sylvius, s'épanouissent dans le centre postérieur et médian de la couche optique. Les fibres les plus supérieures de cet entre-croisement forment la commissure postérieure (Luys).

1. Tubercule supérieur (éminence nates).
2. — inférieur (éminence testes).
3. Substance grise centrale de l'axe, tapissant le quatrième ventricule.
4. Faisceau formé par le nerf trijumeau.
5. — — acoustique.
6. — — la moelle épinière.
7. Fibriles s'entre-croisant avec celles du côté opposé.
8. Portion de l'aqueduc de Sylvius.
9. — de la valvule de Vieussens.
10. Nerf pathétique ou (4ᵉ paire) faisceau intérieur de la moelle.

☞ N° 6.

Faisceau antérieur de la molle, pédoncules antérieurs du cerveau (Pyramides antérieures des anciens).

Cette coupe a pour but de montrer comment toutes les fibres *efférentes* cortico-striées (Luys) traversent le corps strié extra-ventriculaire, se faufilent à travers les trois arcades 3, 4, 5, et comment, après ce passage, les fibres *cortico-striées* se réunis-sant, forment trois *cônes* qui constituent les pédoncules antérieurs du cerveau, c'est-à-dire les nerfs du mouvement.

1. Noyau extra-ventriculaire du corps strié coupé verticalement.
2. Terminaison des fibres du pédoncule supérieur du cervelet dans les trois arcades du corps strié.
3. Arcade interne.
4. — moyenne.
5. — externe.
6. Locus niger de Vicq-d'Azyr.
7. Tuber cinéréum.
8. Tige pituitaire.
9. Corps cendré.
10. Bandelette optique.
11. Schiasma des nerfs optiques.
12. Faisceau de fibres grises se perdant dans le corps cendré.
13. Nerf olfactif.
14. Racine interne.
15. — moyenne gauche.
16. — moyenne droite allant au ganglion du côté gauche.
17. Fibres reliant l'amas ganglionnaire olfactif à la substance grise centrale.
18. Racine externe.

19. Ganglion olfactif.

20. Portion du *tænia semi-circularis*.

21. Commissure antérieure mise à découvert par l'enlèvement d'une portion du corps strié.

22. Nerf moteur oculaire commun (3e paire).

23. — pathétique (4e paire).

24. Pédoncules cérébraux antérieurs formés de trois cônes :

25. *Cône postérieur interne* venant de l'arcade interne (5) fournissant les nerfs du mouvement à l'arrière-bouche, à la langue et à la partie supérieure du cou;

26. *Cône moyen* correspondant à l'arcade moyenne s'entre-croisant par décussation au-dessous du bulbe avec celui du côté opposé pour se distribuer à la partie inférieure du cou, à la partie supérieure du tronc et aux membres supérieurs;

27. *Cône antérieur* ou externe, correspondant à l'arcade supérieure, dont les fibres s'entre-croisent avec celles du côté opposé dans toute l'étendue de la moelle épinière et portent le mouvement à la partie inférieure dn tronc et aux membres inférieurs.

28,28,28,28. Fibres des pédoncules cérébelleux moyens s'entre-croisant avec les fibres des pédoncules cérébraux.

29. Filets formant la racine sensitive du nerf trijumeau (5e paire).

30. — — motrice du nerf précédent.

31. — — du nerf moteur oculaire externe (6e paire).

32. Bulbe sur lequel on remarque :

33. Pyramide antérieure;

34. Olive droite;

35. Olive gauche coupée pour montrer la disposition des fibres arciformes;

36. Fibres arciformes fournies par les pédoncules cérébelleux inférieurs, s'entre-croisant sur la ligne médiane avec celles du côté opposé;

37. Nerf grand hypoglosse (9e paire);

38. Faisceau antérieur de la moelle épinière.

☞ N° 7.

Pédoncule postérieur du cerveau.

Cette coupe a pour but de montrer comment les nerfs qui rapportent au cerveau les impressions de toutes les parties du corps aboutissent aux quatre centres de la couche optique et comment, de la couche optique, ces fibres en se réfléchissant passent au-dessous du *tænia semi-circularis* pour concourir à former la couronne de Reil.

1. Portion du corps strié (noyau intra-ventriculaire).

2. — du corps strié (noyau extra-ventriculaire).

3. Couche optique coupée transversalement.

4. Centre antérieur ou olfactif de cette même couche.

5. Centre moyen ou optique.
6. — médian ou inférieur.
7. — postérieur ou acoustique.
8. Commissure postérieure.
9. — grise ou molle des couches optiques.
10. Éminence mamillaire.
11. Trou de Monro.
12. Pilier antérieur de la voûte.
13. Fibres antérieures de ce pilier se portant à la substance grise du *septum lucidum* et au corps strié.
14. Fibres postérieures formant les pédoncules de la glande pinéale (*habænæ*).
15. Fibres de ce pédoncule communiquant avec le centre antérieur des couches optiques (centre olfactif).
16. Fibres inférieures se portant aux éminences mamillaires.
17. Fascicule de Vicq-d'Azyr allant du centre antérieur ou olfactif à l'éminence mamillaire.
18. Portion profonde du *tænia semi-circularis*.
19. Olive supérieure ou corps de Stilling.
20. Dépression de ce corps désigné sous le nom de hile.
21. Pédoncule cérébelleux supérieur gauche.
22. Fibres de ce pédoncule s'entre-croisant sur la ligne médiane avec celles du côté opposé.
23. Pédoncule cérébelleux inférieur.
24. Fibres de ce pédoncule se faufilant avec celles du cordon postérieur de la moelle épinière.
25. Cordon postérieur de la moelle épinière.
26. Corps restiforme.
27. Pyramide postérieure.
28. Paroi antérieure du quatrième ventricule.
29. Calamus scriptorius se continuant avec le canal central de la moelle.
30. Aqueduc de Sylvius.
31. — Faisceau postérieur de la moelle (pédoncule postérieur).
31. Substance grise de l'axe à travers laquelle on voit les fibres ascendantes du pédoncule postérieur.
32. Arrivée de ces fibres dans le centre médian de la couche optique.
34. Disposition plexiforme des fibres sortant des centres de la couche optique.
34. Leur passage au-dessous du *tænia semi-circularis*.
35. Leur réflexion ascendante pour former la couronne de Reil.
36,36,36. Couronne de Reil.
37. Racine du nerf moteur oculaire commun (3ᵉ paire).
38. — pathétique (4ᵉ paire).
39. Origine du nerf trijumeau (5ᵉ partie).
40. Racine motrice du nerf précédent.
41. — du nerf moteur oculaire extérieur (6ᵉ paire).
42. Nerf facial (7ᵉ paire).
43. Nerf de Wrisberg.
44. — acoustique (8ᵉ paire).
45. Renflement gangliforme de ce nerf.

46. Racine de ce nerf se perdant dans la couche grise centrale du quatrième ventricule (barbes du *calamus scriptorius* des anciens).
47. Faisceau du nerf acoustique concourant à la formation du ruban de Reil.
48. Nerf glosso-pharyngien (9e paire).
49. — pneumo-gastrique (10e paire).
50. — spinal (11e paire).
51. Substance gélatineuse de Rolando.
52. Corne antérieure.
53. — postérieure.
54. Racine antérieure ou motrice.
55. — postérieure ou sensitive.
56. Racine du nerf grand hypoglosse (12e paire),
57. Première paire cervicale.
58. Racine antérieure ou motrice de ce nerf,
59. — postérieure ou sensitive.
60. — vaso-moteur du grand sympathique.
61. Ganglion spinal.

☞ **N° 8.**

Portion de substance grise corticale de l'hémisphère droit, sur laquelle on remarque des circonvolutions et des anfractuosités.

1. Scissure de Sylvius.
2. — de Rolando.
3. Circonvolutions de l'insula.
4. Couche corticale externe composée de petites cellules.
5. — interne composée de grosses cellules.

☞ **N° 9.**

Hémisphère droit du cerveau.

Cette préparation a pour but de montrer, dans leur ensemble, toutes les parties du cerveau et d'en faire comprendre les usages.

1,2,3. Première, deuxième, troisième circonvolution frontale.
4. Sillon de Rolando.
5,5,5,5. Circonvolutions supérieures ou pariétales.
6,6,6. — postérieures ou occipitales.
7,7. Scissure de Sylvius.
8. Lobe sphénoïdal.
9,9. Circonvolutions de l'insula.
10,10,10. Circonvolutions de la face interne de l'hémisphère.

11,11,11,11. Circonvolutions de l'ourlet.

12,12.   —   de l'hippocampe.

13. Corps godronné.

14. Crochet.

15. Corps calleux.

16. Bourrelet du corps calleux.

17. Genou du corps calleux.

18. Bec du corps calleux.

19. Tractus longitudinal (Nerf de Lancisi).

20. Voûte à trois piliers.

21. Pilier antérieur.

22. Septum lucidum composé de deux lames dont une partie a été enlevée.

23. Lyre.

24. Couche optique sur laquelle on remarque quatre centres :

25. *Centre antérieur* ou olfactif;

26. *Centre moyen* ou optique ;

27. *Centre postérieur* ou acoustique ;

28. *Centre médian* ou inférieur.

29. Glande pinéale ou conarium.

30. Pédoncules de la glande pinéale (renes-habænæ des anciens) divisés en deux faisceaux.

31. Faisceau pour le centre antérieur de la couche optique.

32.   —   pour le pilier antérieur de la voûte.

33· Éminence mamillaire.

34. Fascicule de Vicq-d'Azyr allant du centre antérieur de la couche optique à l'éminence mamillaire.

35. Ventricule moyen.

36. Trou de Monro.

37. Aqueduc de Sylvius.

38. Commissure antérieure.

39. Terminaison de la commissure précédente dans le lobe sphénoïdal.

40. Commissure grise ou molle.

41.   —   postérieure composée de trois faisceaux distincts s'entre-croisant avec ceux du côté opposé.

42. Corps cendré.

43. Tige pituitaire.

44. Portion antérieure du ventricule latéral.

45. Corps strié, noyau intra-ventriculaire.

46. Corps strié, noyau extra-ventriculaire éloigné du précédent pour montrer l'insertion des fibres cortico-striées.

47. Terminaison des pédoncules cérébelleux supérieurs dans les trois arcades du corps strié.

48. Portion sphénoïdale du ventricule latéral.

49. Hippocampe ou corne d'Ammon.

50. Corps bordant.

51.   —   godronné.

52. Portion occipitale du ventricule latéral ou cavité digitale.

53. Ergot de Morand.

54. Tubercules quadrijumeaux.

55. Éminence antérieure ou nates.

56.   —   postérieure ou testes.

57. Fente de Bichat. — Espace compris entre le bourrelet du corps calleux, les tubercules quadrijumeaux et la circonvolution de l'ourlet. Dans le fond de cet espace on aperçoit :

58. Les corps genouillés ;

59. Les faisceaux de communication de ces corps avec les tubercules quadri-jumeaux.

60. Paroi antérieure du quatrième ventricule.

61. Calamus scriptorius.

62. Portion de la valvule de Tarin.

63. Pédoncule cérébelleux supérieur.

64. Entre-croisement de ce pédoncule avec celui du côté opposé.

65. Olive supérieure droite (corps de Stilling).

66. Pédoncule cérébelleux inférieur.

67. Tubercule cendré de Rolando.

68. Corps restiforme.

69. Funicule grêle.

70. Renflement mamelonné du funicule grêle.

71. Bulbe olfactif.

72. Nerf olfactif.

73. Racine interne de ce nerf.

74.   —   moyenne ou grise.

75.   —   externe allant au ganglion.

76. Ganglion olfactif.

77. Racine moyenne ou grise du nerf olfactif gauche se portant au ganglion ol-factif du côté droit.

78. Fibres reliant le ganglion olfactif à la substance grise centrale.

79. Tænia semi-circularis.

80. Nerf optique.

81. Schiasma.

82. Faisceau de fibres grises faisant communiquer le schiasma du nerf optique au corps cendré.

83. Bandelette du nerf optique se divisant en deux faisceaux.

84. Faisceau allant au corps genouillé interne.

85.   —   —   externe.

86. Quadrilatère perforé limité en arrière par la bandelette optique (n° 83), en dehors par le corps godronné (n° 51), en avant par les racines du nerf olfactif.

87,87,87. Coupe du pédoncule cérébral antérieur sur laquelle on voit les trois couches ou cônes venant du corps strié extra-ventriculaire.

88. Racine du nerf moteur oculaire commun (3e paire).

89. Nerf pathétique (4e paire).

90. Racine sensitive du nerf trijumeau (5e paire).

91.   —   motrice du même nerf.

92.   —   du nerf moteur oculaire externe (6e paire).

93.   —   —   facial (7e paire).

94. Nerf acoustique (8ᵉ paire).

95. Renflement ganglionnaire de ce nerf,

96. Ruban de Reil formé de trois racines.

97. Racine du nerf acoustique.

98. — venant du nerf trijumeau.

99. — — du cordon latéral de la moelle.

100. Entre-croisement du ruban de Reil formant la paroi supérieure de l'aque-duc de Sylvius.

101. Portion de la valvule de Vieussens.

102. Nerf de Wrisberg.

103. Nerf glosso-pharyngien (9ᵉ paire).

104. — pneumo-gastrique (10ᵉ paire).

105. — spinal (11ᵉ paire).

106. Racine antérieure ou motrice du nerf spinal.

107. — postérieure ou sensitive du même nerf.

108. Racine du nerf grand hypoglosse (12ᵉ paire).

109. Première paire cervicale.

110. Racine antérieure ou motrice de la même paire.

111. — postérieure ou sensitive du même nerf.

112. Ganglion spinal de ce nerf.

113. Filet vaso-moteur (filet du grand sympathique).

114. Deuxième paire cervicale offrant la même disposition et les mêmes numéros que la première paire.

115. Moelle épinière.

116. Sillon antérieur.

117. — postérieur.

118. Cordon antérieur ou moteur.

119. — postérieur ou sensitif.

120. Faisceau latéral.

121. Substance gélatineuse de Rolando, au milieu de laquelle on remarque le canal central de l'axe médullaire.

122. Canal médullaire.

123. Cornes antérieures de la moelle en rapport avec les fibres motrices.

124. Cornes postérieures en rapport avec les fibres afférentes ou sensitives.

125. Substance grise centrale de l'axe.

126. Substance grise linéaire de Vicq-d'Azyr, comprise entre le corps strié extra-ventriculaire et les circonvolutions de l'insula.

127. Fascicule antéro-postérieur, composé de fibres afférentes a,a,a, et de fibres efférentes c,c,c, qui mettent les circonvolutions les plus anté-rieures des lobes cérébraux en rapport avec la partie la plus reculée du corps strié et de la couche optique, et forment une espèce d'étui dans lequel se trouve la substance grise linéaire de Vicq-d'Azyr.

128. Fibres commissurantes inter-corticales.

129. Couche optique. — Noyau central où aboutissent toutes les *fibres affé-rentes* ou sensitives qui rapportent au cerveau les impressions reçues par les différentes parties du corps, couche dans laquelle nous avons montré, numéros 25, 26, 27 et 28, quatre centres qui reçoivent :

Le centre antérieur, les fibres du nerf olfactif;

Le centre moyen,   les fibres du nerf optique;

Le centre postérieur, les fibres du nerf acoustique ;

Le centre médian,   les fibres du ruban de Reil et du pédoncule postérieur de la moelle épinière. (Voir les numéros d'ordre 7 et 3.)

De ces différents centres partent des fibres auxquelles nous avons donné une couleur de convention et dont l'ensemble concourt à la formation de la *couronne de Reil* ou *soleil de Vieussens*. Toutes ces fibres, *a,a,a,a,a,a*, que nous continuons à appeler *afférentes*, rayonnent dans tous les sens et arrivent aux cellules corticales dans les circonvolutions cérébrales.

De chacune de ces myriades de cellules partent des fibres *b,b,b,b,b,b*, appelées par M. Luys fibres commissurantes, qui, des cellules d'un hémisphère se portent aux cellules congénères de l'hémisphère du côté opposé en s'entre-croisant sur la ligne médiane pour former :

Le corps calleux ;

La commissure antérieure ;

La lyre.

Des cellules corticales qui ont reçu la fibre commissurante *b,b,b,b,b*, partent des fibres *c,c,c,c,c,c,c*, que M. Luys appelle *fibres cortico-striées*, qui se rendent au corps strié *extra-ventriculaire* en passant entre le corps strié extra et intra-ventriculaire, conjointement avec les fibres afférentes *a,a,a,a,a,a*, dont l'ensemble constitue la couronne de Reil ou soleil de Vieussens (1).

Ces fibres cortico-striées *c,c,c,c,c,c*, par leur arrangement, déterminent dans le corps strié les arcades n°s 47-47-47, qui, à leur sortie de ce renflement ganglionnaire, constituent les trois cônes dont est formé le pédoncule antérieur de la moelle épinière, et dont l'ensemble représente les nerfs du mouvement qui portent la volonté à toutes les parties du corps.

Non-seulement les fibres commissurantes, par leur ensemble, forment le corps calleux, la lyre et la commissure antérieure, mais elles forment l'espèce d'étui *D,D,D,D,D*, constituant la paroi des ventricules ou cavités frontales *latérale*, *occipitale*, *sphénoïdale*, dans lesquels nous avons remarqué ·

Le corps strié intra-ventriculaire, n° 45;

L'ergot de Morand, n° 53 ;

La voûte à trois piliers, n° 20;

L'hipp ocampe, n 49.

Sur le cadavre, ces trois derniers renflements sont d'une blancheur remarquable qui se distingue de la teinte blanche des parois des ventricules ; différence bien connue des anatomistes.

Cette différence de couleur ne doit-elle pas être attribuée à ce que l'hippocampe, comme la voûte à trois piliers et l'ergot de Morand, montre à nu et sans mélange les fibres *afférentes* ou *sensitives ?*

Les *fibres commissurantes*, nées de ces nombreuses cellules n'accompagnent

---

(1) « Tous les filets médullaires des corps striés (disait Vieussens en 1685), naissent du
« centre ovale et aboutissent à une lame de substance blanche que l'on trouve constamment
« entre la face externe des couches optiques et la face interne du corps strié; cette lame
« occupe toute la profondeur de cet intervalle demi-circulaire appelé *geminum centrum*
« *semi-circulaire;* le bord supérieur de ce *tractus* est la seule partie qui ne soit pas
« cachée, elle se montre entre les corps striés et les couches optiques. »

point pendant un trajet plus ou moins long, comme dans les autres parties du cerveau, les fibres afférentes *a,a,a;* elles s'en séparent presque immédiatement : les plus externes se portent directement en dehors, se replient de bas en haut, se dirigent vers le corps calleux et concourent ainsi, en se mélangeant avec les fibres efférentes *c,c,c,c,* à former l'espèce d'étui qui limite les ventricules latéraux et la cavité digitale.

Les fibres commissurantes, nées des cellules corticales, enfermées dans l'enroulement de la corne d'Ammon et des cellules composant le corps godronné, forment la lyre.

Les fibres les plus postérieures de la lyre se dirigent presque transversalement, se croisent sur la ligne médiane avec celles du côté opposé, concourent à la formation de l'ourlet du corps calleux.

Les fibres moyennes et antérieures de la lyre, après avoir cheminé dans l'espèce de repli que forme le corps bordant, s'en dégagent, marchent d'arrière en avant dans une direction d'autant moins transversale qu'elles se rapprochent du pilier antérieur de la voûte à travers lequel elles passent et dont elles semblent être la continuation. Dans ce pilier, qui paraît inextricable à cause des nombreuses fibres qui s'entre-croisent dans tous les sens, j'ai cru voir suffisamment, sans toutefois oser l'affirmer, que ce pilier, arrivé sur la commissure antérieure, l'enveloppe en exécutant un mouvement de torsion en vertu duquel les fibres de droite se portent à gauche et celles de gauche à droite, formant une espèce d'entre-croisement de *schiasma* assez semblable au schiasma des nerfs optiques. Ces fibres de la lyre, ainsi changées de direction, se placent à côté les unes des autres, constituant le cordon transversal appelé *commissure antér.* (*poutre des anciens*).

Cette commissure antérieure, connue de tous les temps, dont on ne connaissait ni l'origine ni la fonction, après avoir traversé le corps strié, dont elle croise la direction, va s'épanouir dans l'ourlet et dans la partie la plus antérieure et la plus inférieure de la circonvolution de l'hippocampe, et du lobe sphénoïdal.

Les fibres *cortico-striées* ou motrices provenant des cellules de la circonvalution de l'hippocampe du crochet et des circonvolutions sphénoïdales ne rentrent point dans les cavités ventriculaires; elles se rendent directement à la couronne de Reil pour concourir à la formation des cônes constituant les pédoncules antérieurs du cerveau.

Il résulte de cette disposition que, dans la texture de la voûte à trois piliers, de la *corne d'Ammon* et de l'*ergot de Morand*, nous ne trouvons que des fibres sensitives et des fibres commissurantes et point de fibres motrices.

N° 10.

Moitié droite du cervelet.

1. Surface extérieure.
2. Lobe médian ou vermis.
3. — latéral.
4,4,4,4. Lobules du cervelet.
5. Pédoncule cérébelleux supérieur.
6. — moyen.

7. Pédoncule inférieur.
8. Portion de la valvule de Vieussens.
9. Disposition des fibres blanches cérébelleuses (arbre de vie).
10. Substance corticale repliée formant les lamelles.
11. Coupe au niveau du lobe latéral.
12. Corps *rhomboïdal* ou dentelé.
13. Partie fibreuse.
14. — celluleuse.
15. Divergence des fibres blanches.
16. Noyau de substance grise dans l'intervalle des fibres précédentes.
17. Coupe de la substance grise corticale.
18. — luette.
19. — valvule de Tarin.
20. — lobule du pneumo-gastrique.

Paris. — Typographie de Ad. Lainé et J. Havard, rue des Saints-Pères, 19.

9 782019 996291